Helmut Kropp

Das Perlmooser Zementwerk Rodaun

Ein Industriestandort, heute ausgelöscht

Impressum

Copyright 2019 Helmut Kropp

Herstellung und Verlag

BOD – Books on Demand , Norderstedt

ISBN 9783748193487

Inhaltsverzeichnis

Vorwort

Der Verfasser hat eine besondere Beziehung zu diesem Werk im 25., später 23.Wiener Gemeindebezirk: sein Vater arbeitete seit Mitte der 30er Jahre im Werk als Oberwerkmeister für die elektrotechnischen Anlagen.

In dieser Funktion musste er praktisch um die Uhr verfügbar sein, denn das Werk lief im allgemeinen Tag und Nacht. Dazu hatte ihm die Werksleitung eine entsprechende Wohnung, gleich gegenüber dem Werkseingang bei der Bahnstation Waldmühle zur Verfügung gestellt.

Das Interessante an diesem Ort war, dass er auf der anderen Seite der „Dürren Liesing", bereits in Perchtholdsdorf lag, mit der Adresse „Perchtholdsdorf. Waldmühlgasse 9a".

Dort wohnte ich also seit 1937, bis dieser Ort für Erweiterungsbauten des Werks gebraucht wurde, hernach im „Ingenieurhaus" in Kaltenleutgeben, Hauptstrasse 3a, wiederum in einer Werkswohnung, bis Ernst Kropp in den Ruhestand ging (so um 1965), dann musste die Werkswohnung natürlich geräumt werden.

Das Werk insgesamt lag also in drei Gemeinden:

- In Wien – Rodaun (Produktionsanlagen)
- In Perchtholdsdorf – Kohlenmühle, Bahnhof, Zementversand, Werkswohnungen
- In Kaltenleutgeben – Steinbrüche, mit Seilbahn, später mit Straßen verbunden

Gelegentlich guckte ich auch hernach beim Werk vorbei, einmal war sogar ein Eisenbahnfest in der Waldmühle.

Dann hörte ich, dass das Werk eingestellt sei, keine Produktion mehr, nur mehr Zementlagerung und Versand der Firma Holcim mit Tankwagen und Bahn.

Dann hatte die ÖBB den Bahnbetrieb eingestellt, aber die Marktgemeinde Perchtholdsdorf kaufte die Bahn und ein Verein „Kaltenleutgebner Bahn" sorgte für Bahnbetrieb mit Sonderzügen, meist von der Raaber Bahn (GYSEV) ausgeliehen. Wie ich dann einmal wieder mit einem der Sonderzüge von Meidling nach Waldmühle kam, staunte ich nicht schlecht. Eine schmucke Wohnsiedlung mit über 500 Wohnungen stand da an Stelle des Zementwerkes.

Die ehemals „Perlmooser Zementwerke Rodaun" hatte man in relativ kurzer Zeit abgebrochen, gesprengt, pulverisiert, ausgelöscht. Jedoch:

In diesem Buch sind Wracks, Ruinen oder zertrümmerte Maschinen nicht zu sehen. Vielmehr sollen Teile des Zementwerks, als sie noch funktionierten, präsentiert werden.

Zementwerk Rodaun – Alte Ansichten

1899

1907

1931

Direktion, Zementsilos, Kohlenmühlenbrücke, Zementverlad etwa 2009

Rohmaterial-Transportbandbrücke, Zementsilos, Portierloge, Betriebsbüro

Bahn-Anlage Waldmühle, Zementsilos

Kaltenleutgebnerstraße, Turbinenhalle, Rohgesteinstransportband

Werksansicht Richtung Rodaun

von der Kaltenleutgebnerstrasse

Der Schornstein und die Seilbahn
sind noch in Betrieb, desgleichen
die Turbinenhalle und der Kühlturm.

Rechts unten das Bachbett der
bereits regulierten „Dürren
Liesing".

Zementerzeugung – Flowcharts

Ohne Computer, aber mit eindrücklichen Bildern auf mehreren Tafeln, hat E.Kropp für Besucher des Zementwerkes Rodaun diese Schemas vorbereitet.

Materialfluss: von rechts nach links!

1. Steinbrüche, Materialgewinnung

<<<<<<<<

Das Bild zeigt die drei Steinbrüche

- Eisgraben - Kalk
- Flössel - Mergel
- Fischerwiese – Mergel

Wie dieses Bild erstellt wurde, war die Seilbahn zwischen Eisgraben, Flössel, Fischerwiese und dem Werk bereits abgebaut, der Materialtransport erfolgte in LKW-Kippern vom Steinbruch in die neue Rohmaterialhalle.

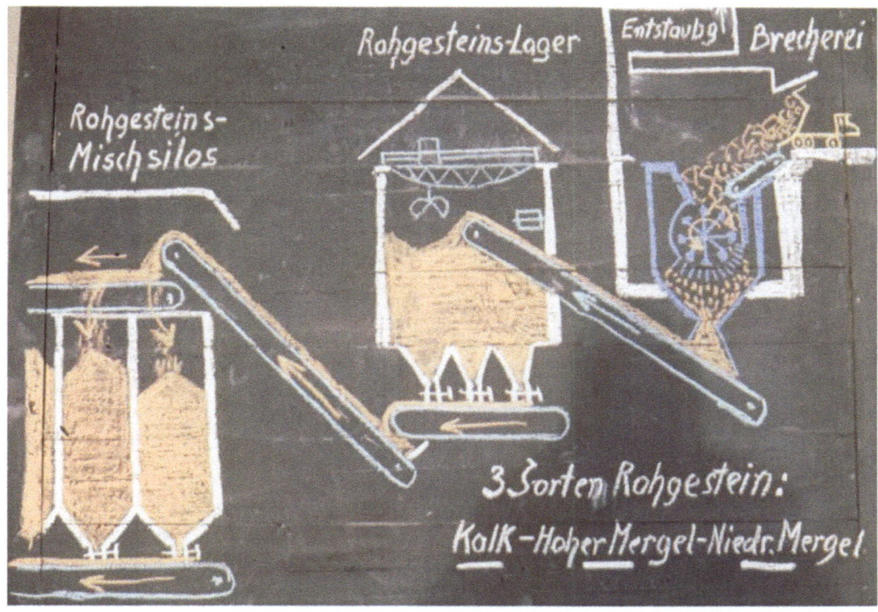

<<<<<<<<<<

Das in LKWs eingeladene Gestein wurde gleich zu einem Brecher gebracht, der eine Vorzerkleinerung besorgte, damit das Gestein mit Förderbändern transportiert und in Silos gelagert werden konnte.

Das Werk war in der glücklichen Lage, für die Zementproduktion kein Rohmaterial von extern beziehen zu müssen, es gab die erforderlichen Rohgesteine

Mergel (Steinbruch Fischerwiese, Flössel)
Kalk (Eisgraben)

gleich in der Nähe.

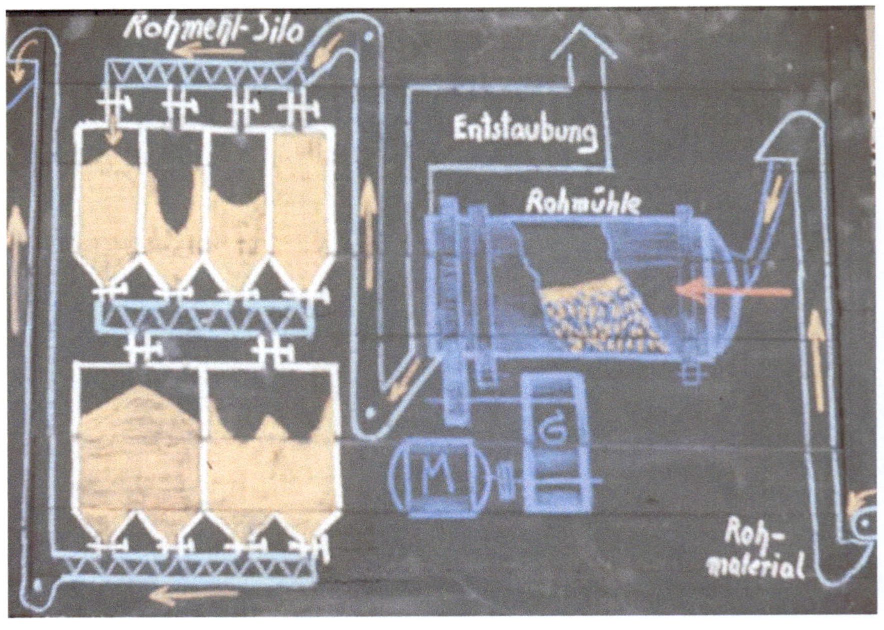

<<<<<<<<

Das Rohmaterial wurde aus dem Silo mit entsprechenden Schiebern über Transportbänder und Aufzüge entnommen und in der Rohmühle fein gemahlen.

Diese Rohmühle war ein gepanzertes Rohr, das schräg gelagert, über Motor und Getriebe gedreht werden konnte. Innen hatte die Rohmühle mehrere Kammern, getrennt durch Lochbleche mit verschieden großen Durchlässen. In jeder Kammer waren zahlreiche Stahlkugeln, die das Rohmaterial beim Drehen der Mühle zertrümmerten. So wurde das Rohgestein zu Rohmehl gemahlen. Der Energieaufwand war groß, der Lärmpegel ohrenbetäubend.

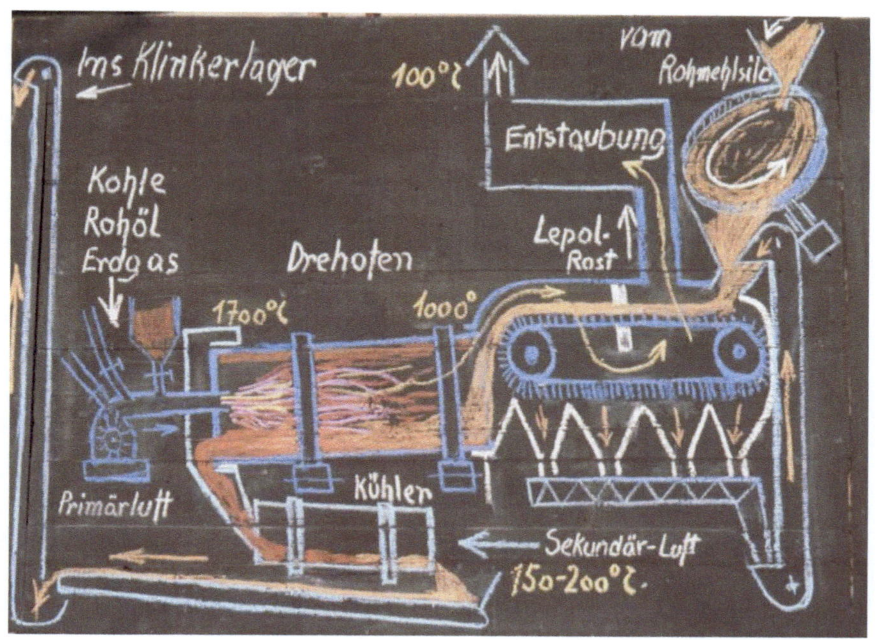

Das Rohmehl wurde aus dem Rohmehlsilo auf einen sich drehenden Teller befördert und dann entsprechend portioniert dem Brennvorgang, zuerst auf einem „Lepol-Rost" zugeführt. Dieser wurde über einen nachgeschalteten Drehrohrofen mit Hitze beaufschlagt.

Diese zum Brennen nötige Hitze kam von einem mit Kohle, Erdgas oder Rohöl gespeisten Brenner, die im Drehrohrofen erzeugte Temperatur war 1700 Grad, am Lepol-Rost 1000 Grad.

Das durch den Lepol-Rost fallende, noch nicht durchgebrannte Material wurde über einen Förderlift wieder der Oberseite des Lepol-Rosts zugeführt.

 Das gebrannte Rohmehl wanderte so entgegen der Feuerungsrichtung (gespeist durch Primär- und Sekundärluft) durch Lepol-Rost und Drehofen und fiel dann als „Klinker" in den Kühler.

 An dessen Ausgang war der Klinker bereits auf etwa 150-200 Grad abgekühlt und konnte so über Transportbänder und Aufzüge ins Klinkerlager gelangen.

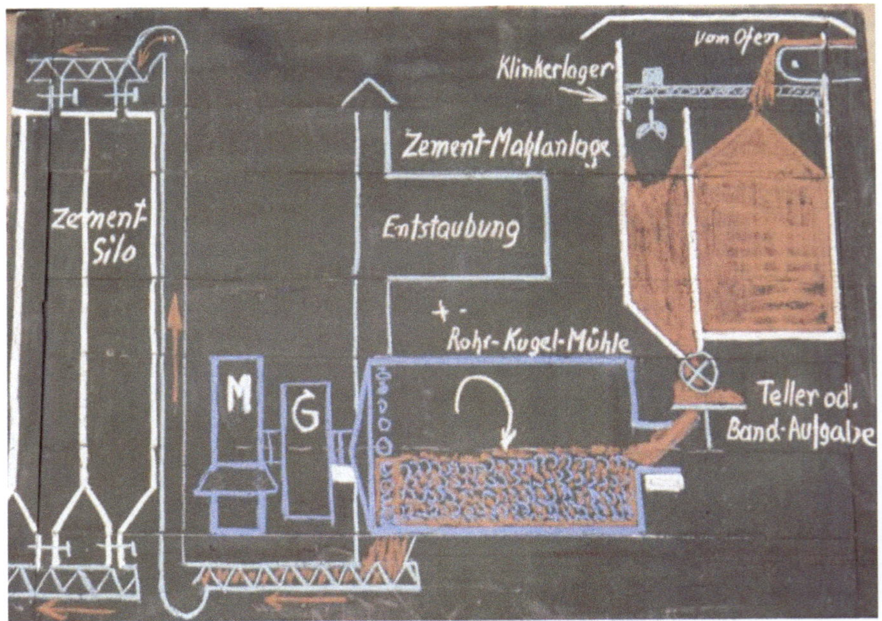

Der Klinker gelangte nun vom Klinkerlager über eine Teller- oder Bandausgabe in die Klinker- oder Zementmühle, wie die Rohmühle eine Rohr-Kugelmühle, leicht schräg stehend und über Motor und Getriebe gedreht.

Im Prinzip war diese „Mühle" genauso wie die Rohmühle (s.d.) aufgebaut, jedoch der Mahlvorgang war dem schwarz gebrannten Klinker angepasst.

Damit war der Zement eigentlich fertig; nicht gezeigt ist die Einbringung von Zuschlagstoffen (z.B. 1% Gips).

Der von der Mühle gemahlene Zement wurde dann im Zementsilo gelagert.

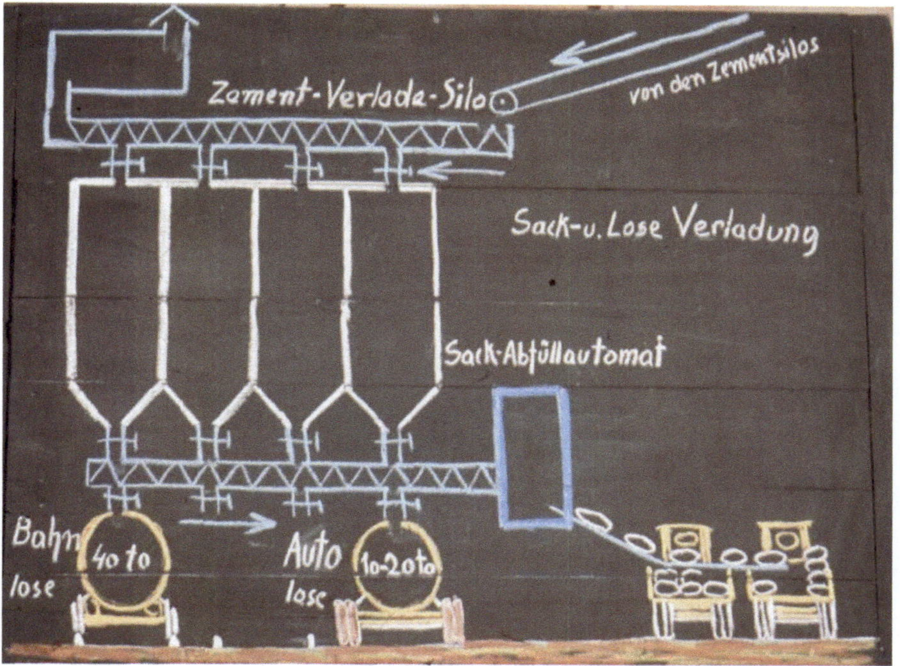

Zementverladung und Versand erfolgte dann über ein Zwischenlager, genannt Zement-Verladesilos.

Drei Arten von Zementversand:

1. lose in Silowagen der Eisenbahn zu je 40 Tonnen,

2. lose in Auto-Tankwagen zu je 10-20 Tonnen

3. verpackt in Säcke zu je 50 kg auf LKWs.

Bei allen drei Versandarten war eine Waage vorgesehen.

Die Säcke wurden automatisch gewogen und verschlossen und auf einem Transportband direkt in die Fahrzeuge geleitet.

Steinbruchbetrieb

Die Materialquelle für den Zement war die Erde, genau genommen Felsen und Gestein. Die Zementwerke hatten dazu Grund erworben und auch für das Abbaurecht an die Gemeinden, auf deren Grund geeignetes Material lagerte, bezahlt. Im Laufe der Zeit entstanden so gewaltige Abbauhalden, „Löcher" in der Landschaft.

Die Bilder zeigen den Steinbruch „Fischerwiese", etwa in den 30er Jahren.

Im Steinbruch wurde zuerst am Hang ein Loch gebohrt, Sprengstoff eingebracht und dann gesprengt. Sodann wurde das lose Material mit einem Bagger auf Feldbahnen verladen.

Das Bild zeigt einen Löffel-Dampfbagger: Dieser hat neben der im Baggerhaus befindlichen Dampfmaschine eine weitere Dampfmaschine zur Bewegung des Löffels, was man anhand der zwei Dampf-Fahnen deutlich erkennt.

Es gab sogar eine Dampflok und eine elektrische Feldbahn, ganz ordnungsgemäß mit Oberleitung, im Steinbruch Fischerwiese.

Der Bagger belädt nun die 6 Loren des Feldbahnzuges mit seinem Löffel mit dem Gestein.

Die Feldbahnlok bringt dann den Zug vor dem Beladen der Seilbahn zum Vorzerkleinern mit einem Hammerbrechwerk, da sehr große Felsen zwar noch mit der Feldbahn befördert werden können, aber dann nicht mehr mit den kleineren Seilbahn-Loren.

Später dann brauchte man keine Dampfmaschinen mehr, weder für den Bagger, noch für die Feldbahn. Alle diese Maschinen wurden mit Dieselmotoren betrieben.

Das Hammerbrechwerk im Steinbruch Fischerwiese, Jahr 1931

Die Seilbahn des Zementwerkes Rodaun

Die drei Steinbrüche des Perlmooser Zementwerkes Rodaun im Ortsgebiet Kaltenleutgeben :

- Fischerwiese
- Flössel
- Eisgraben

waren mit einer umlaufenden Materialseilbahn jeweils in 3 Abschnitten mit dem Werk in Rodaun verbunden. So eine Seilbahn wird auch Lorenbahn genannt.

Jede auf dem Tragseil hängende Lore der Seilbahn (Materialbehälter) konnte eigenständig vom ständig umlaufenden Zugseil getrennt und wieder eingeklinkt werden. Dazu war ein Hebelwerk an jeder Lore vorhanden sowie eine Vorrichtung, die den Behälter automatisch kippen und somit dessen Inhalt nach unten entleeren konnte.

Die Seilbahn wurde in den 60er Jahren komplett abgebaut und durch den Transport mit LKW-Kipper auf eigens angelegten Straßen ersetzt. Die eingangs gezeigten „Flow-Charts" zur Zementerzeugung zeigen bereits diesen seilbahnlosen Materialtransport.

Die folgenden Bilder zeigen die schon vor der Stilllegung des Werkes abgebaute Materialseilbahn. Der Fotograf hatte sich dazu für einige gute Bilder selber in eine Lore der Materialseilbahn gesetzt.

Hier im Bild ist das Seilbahnstück zwischen Fischerwiese und Zementwerk zu sehen. Man erkennt die Loren am Tragseil und am Zugseil. Im Hintergrund ist die Beladestation Fischerwiese. Es herrschte Rechtsverkehr: vorne läuft eine Lore zum Werk, dahinter laufen die leeren Loren zurück zum Steinbruch. Das erkennt man auch daran, dass sie in der Entlade- und Umkehrstation im Werk bereits gekippt wurden. Die Seilbahn quert hier die Straße Rodaun-Kaltenleutgeben. Aus Sicherheitsgründen ist daher ein Netz unter der Seilbahn und über die Straße gespannt, das Gesteinsbrocken, die ggf. aus den Loren fallen, auffangen soll.

Die Seilbahn zwischen den Steinbrüchen Fischerwiese und Flössel.

Im Hintergrund das Zementwerk Rodaun, der rauchende Schlot des Drehrohrofens und der Kühlturm sind gut zu erkennen.

Die Seilbahnstation des Steinbruchs Flössl

Seilbahn-Station Flössl in 1929 samt Mannschaft

Die Seilbahnanlage wurde im Laufe der Zeit mehrfach umgebaut.
Die folgenden Bilder zeigen die in 1929 erfolgten Umbauten in die
bis zu ihrer Stilllegung existierenden Abladestation; es existierte also
schon vor 1929 eine Seilbahn, wie im Bild rechts gut zu erkennen.

Die neue Entladestation 1929

Die Lore links im Bild ist bereits entleert und ist durch die Umkehr gelaufen

Nach dem Abbau der Seilbahn war der Transport aus dem Steinbruch zum Zementwerk neu zu organisieren. Neben den Straßen zu den Steinbrüchen (soweit nicht schon vorhanden) war auf Kaltenleutgebner Seite ein neues Rohgesteinslager zu bauen und ein Transportband von diesem zum Rohgesteinssilo im Zementwerk.

Die Seilbahn ist bereits entfernt, ein Transportband (im Hintergrund) bringt das Rohgestein von der Halle über die Kaltenleutgebner Straße zum Zementwerk.

Der Abbau der gesamten Seilbahn war leider nicht unfallfrei. Während der Demontage von Stützen und Seilen war ein Aufenthalt im Bereich der Seilbahntrasse strengstens verboten.

Einen Arbeiter kümmerte das nicht, er spazierte im Bereich der Trasse herum und wurde von einem abgeworfenen Seilbahn-Seil getroffen. Diesen Unfall überlebte er nicht.

Die Staatsanwaltschaft suchte nun einen Schuldigen an diesem Unfall und fand ihn in Gestalt des für den Maschinenbau im Werk verantwortlichen Ingenieurs L. Obwohl dieser nicht den Unfall verursacht hatte, wurde er schuldig gesprochen und war damit vorbestraft.

Die Rohgesteinsverarbeitung

Das aus den Steinbrüchen gelieferte Material wurde im Rohgesteinslager abgelegt und dann, unter Aufsicht des Chemikers des Werkes, im richtigen Verhältnis Kalk-hoher-niedriger Mergel , gemischt und in den Rohgestein-Mischsilos abgelegt.

Der Transport des Rohgesteins innerhalb der Produktion erfolgte horizontal über Rollbänder und Schnecken, vertikal über Becherwerk-Aufzüge.

Sodann wurde das Rohgestein in der Rohmühle zu Rohmehl gemahlen.

Die Mischschnecke unter dem Rohmaterialsilo, etwa 1930

Die Rohmühle

Die Funktion einer Rohmühle kann man wie folgt beschreiben:

Die Maschine besteht aus einem gepanzerten, leicht schräg gelagertem Rohr, das innen in mehrere Segmente unterteilt ist. Dieses Rohr wird mit einem starken Elektromotor gedreht. Das Rohmaterial tritt an der erhöhten Stelle in das Rohr ein und verlässt das Rohr an der niedrigeren Stelle als Rohmehl. Im Rohr befindet sich dazu eine größere Anzahl Stahlkugeln verschiedener Größe, die durch die Rotation des Rohres auf das Rohmaterial fallen und es derart zerkleinern.

Kennzeichen einer Rohmühle (wie auch einer Zementmühle, s.d.) war demnach der hohe Energiebedarf: Dazu gab es einen Vertrag mit dem Elektrizitätswerk mit einer Energiebegrenzung je Viertelstunde. Ferner war der Lärm dieser Mühle gewaltig, wenn sie in Betrieb war. Ohne Ohrenschützer war ein Aufenthalt in ihrer Nähe fast schon schmerzlich.

Ganz wichtig waren die Hochspannungs-Entstaubungsanlagen, sie wurden von der Fa.Lurgi geliefert und beruhten auf der Anlagerung elektrisch aufgeladenen Staubes auf Platten. Von dort wurden sie dann mechanisch abgeklopft und der Staub wieder dem Fertigungsprozess zugeführt.

In den 60er Jahren war eine Werkserweiterung fällig und dazu wurde eine weitere Rohmühle mit der Bahn angeliefert und sodann mit zwei Schleppern in das Werk befördert.

Siehe die folgenden Seiten:

WANKO WIEN

WANKO WIEN

Um Platz für die neue Drehrohrofenhalle zu schaffen, musste um etwa 1930 der bisher zum Zementbrennen verwendete Ringofen samt zugehörigem Kamin beseitigt werden.

Der Drehrohrofen: Rohmehl zu Klinker

Im Drehrohrofen, dem wichtigsten und heißesten Teil der Zementfabrikation, (1700 ° C) entsteht noch kein Zement, wie wir ihn kennen und aus den bekannten handelsüblichen Zementsäcken entnehmen. Das Produkt des Brennens des Rohmehls heißt Klinker, das sind schwarze, poröse Brocken.

Auf der einen Seite des Drehrohrofens wurde nun das aufbereitete Rohmehl zugeführt, auf der anderen Seite des Drehrohrofens die Primärluft und die Prozesshitze. Diese konnte mit Gas, Öl oder Kohlenstaub erzeugt werden.

Zuerst gab es nur Kohlenstaubfeuerung. Die mit der Bahn angelieferte Kohle wurde in einer gesonderten Kohlenmühle zu Staub zerkleinert und dann mit Pressluft in den Drehrohrofen geblasen.

Im Bild ist der seit etwa 1930 vorhandene Drehrohrofen zu sehen. Deutlich zu erkennen ist das große Zahnrad des Antriebs und die Abkühlzone mit größerem Durchmesser. Unterhalb dieses Drehrohrofens war ein weiteres Drehrohr, das den vom Drehrohrofen gebrannten Klinker aufnahm und „Kühler" genannt wurde.

An dessen Ausgang war der Klinker bereits auf etwa 150-200 Grad abgekühlt und konnte so über Transportbänder und Aufzüge ins Klinkerlager gelangen.

Der Brennerstand

Der dem Drehrohrofen vorgeschaltete Drehteller und der Lepol-Ofen sind
erst später zusammen mit dem zweiten Drehrohrofen dazugekommen.

Das Rohmehl wurde somit aus dem Rohmehlsilo auf einen sich drehenden Teller befördert und dann entsprechend portioniert dem Brennvorgang, zuerst auf einem „Lepol-Rost" zugeführt. Dieser wurde über einen nachgeschalteten Drehrohrofen mit Hitze beaufschlagt.

Diese zum Brennen nötige Hitze kam von einem mit Kohle, Erdgas oder Rohöl gespeisten Brenner, die im Drehrohrofen erzeugte Temperatur war 1700 Grad, am Lepol-Rost 1000 Grad.

Die Zementmühle

Das aus dem Kühler des Drehrohrofen kommende Material, Klinker genannt, wird in einem eigenen Klinkerlager abgelegt und von dort aus der Zementmühle zugeführt.

Man erkennt die Ähnlichkeit mit der schon bekannten Rohmühle, auch hier dreht ein kräftiger Motor das gepanzerte Rohr, innen rollen Stahlkugeln in Kammern, die durch Siebe voneinander getrennt sind. Zum Klinker kommen noch Zuschlagstoffe dazu (z.B. 1% Gips). Das Produkt dieser Verarbeitung ist dann der fertige, graue Zement, der in Zementsilos gelagert wird. Auch hier ist eine Entstaubung mit 60 kV Hochspannung vorgesehen, um nicht die Umgebung durch den Produktionsprozess zu belasten.

Zementsilos

Zementverpackung und Versand

Vom Zementsilo wurde der Zement bedarfsabhängig zu dem Silo in der Zementverpackung geleitet. Verpackt wurde in Zementsäcke, je nach Zementsorte. Nicht verpackt wurde beim Transport in Silowagen der Bahn, ggf. auch in PKW-Silowagen.

Die Verpackungsstation wurde mehrfach umgebaut. Zuerst war der Versand per Bahn vorgesehen, dann wurden die Säcke aber auch mit dem LKW versandt.

Als die Zementproduktion im Werk schon eingestellt war, wurde die Verladestation von der Fa.Holcim, einem Zementproduzenten aus der Schweiz, weiter betrieben..

Die Zementverladung etwa 1930
Gesehen vom Wanderweg Perchtholdsdorf-Kaltenleutgeben, der Waldmühlgasse: Man beachte auch die Zementverladung auf Pferdefuhrwerke!

Zementverladung ca. 1995, von der Kaltenleutgebner Strasse her gesehen. Das Firmenzeichen der „Perlmooser Zementwerke" (PZ) ist noch vorhanden!

Silowagen für den Zementversand per Bahn, je Silo ca.2o t

Der Zement konnte vollauto-
matisch oder handbedient in
Säcke abgefüllt werden.

Es gab drei Sorten Zement:

-Portlandzement 275 (H)

-Hochofenzement 275

-Frühhochfester
 Portlandzement   375

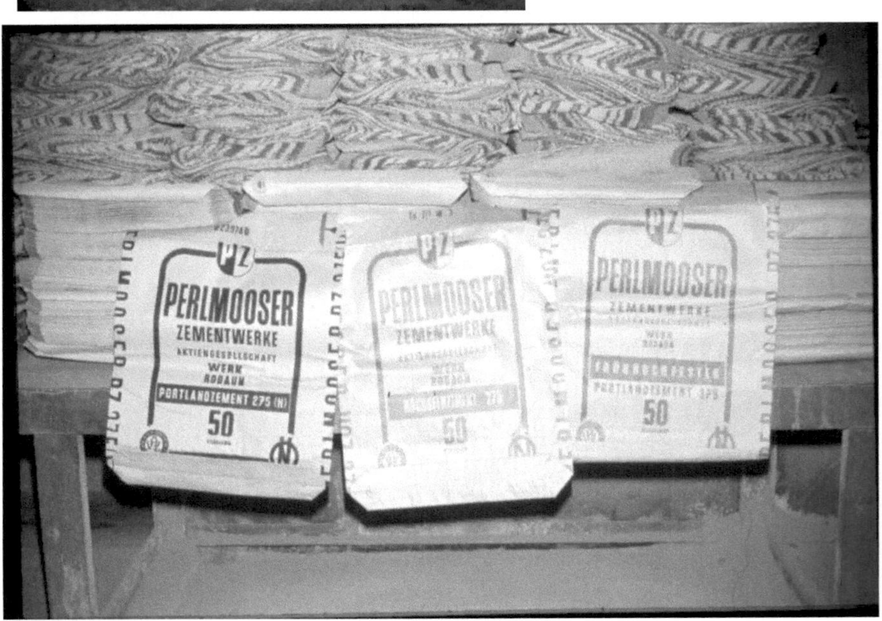

Blick nach Osten im Winter, links die Kaltenleutgebner Straße, rechts der Bahnhof Waldmühle mit den Rangiergleisen. Das neue Versandgebäude im Hintergrund.
Die Brücke trägt das Kohlestaub-Transportrohr von der Kohlenmühle (rechts im Bild, nicht voll sichtbar) zum Werk nach links, sowie stolz das Wappen „PZ" der Perlmooser Zementwerke.

Die Zement-Verladestation von HOLCIM

Als die Zementproduktion im Perlmooser Zementwerk Rodaun schon
eingestellt war, wurde die vorhandene Versandlogistik (Zementsilo, Bahnhof,
Verpackung, Versandrampen, Betriebsbüro etc.) noch eine gewisse Zeit lang
von der schweizerischen Zement-Firma HOLCIM genutzt. Die Firmen Holcim
und Perlmooser waren da schon im Besitz von Lafarge Zement.

Der Zement kam per Bahn aus der Tschechei und wurde in den Silos
gelagert, bis er per Bahn oder LKW versandt wurde.

Das Silogebäude etwa um 2007

Bemerkenswert sind die Funkantennen am Dach des Gebäudes. In dem
engen, tiefen Kaltenleutgebnertal war dieser erhöhte Punkt für die Handy-
Netzbetreiber ja ideal.

Das Problem kam mit der Einstellung des Holcim-Zementversandes. Dann
sollte auch dieser letzte Rest vom Perlmooser Zementwerk beseitigt werden,
aber im Jahr 2017 stand des Gebäude, wenn auch schon mit allen Zeichen
von Abbruchversuchen, immer noch. Es wird spannend sein zu sehen, wie
man die Antennen loswird. Immerhin zahlen die Netzbetreiber für die
Platzmiete ordentlich Geld.

Willkommen bei Holcim
Holcim
2
1

HOLCIM (Wien) Hbf-LTE
P A
P L

Das Elektrizitätswerk der Perlmooser Zementwerke Rodaun

Der erste Drehrohrofen der Zementproduktion war anders als der in der „Flowchart" gezeigte Drehrohrofen mit Lepol-Ofen, somit ohne diese Material-Vorbereitung. Im obigen Kapitel über den Drehrohrofen ist eine Abbildung beider Öfen zu sehen. Der große Drehrohrofen hatte eine Abwärmenutzung zur Erzeugung von Wasserdampf.

Die Abwärme wurde in einem nachgeschaltetem Kesselhaus in Wasserdampf umgewandelt und mit diesem eine Schaufelrad-Dampfturbine betrieben. Diese wiederum hatte auf der Turbinenachse einen Drehstromgenerator und dieser lieferte Strom für das Zementwerk. Dazu war eine eigene elektrotechnische Verteilung vorgesehen mit Schaltzellen 16 kV, Transformatoren, Sicherungen und Meßeinrichtungen.

Eine Besonderheit im Zementwerk Rodaun war das eigene Netz 110 V Wechselstrom. Damit wurden u.a. auch die Werkswohnungen versorgt und man wollte damit ursprünglich auch den Diebstahl von Glühlampen verhindern. Hatte nun ein im Werk Beschäftigter, der von auswärts kam, sich so eine Perlmooser-Glühbirne angeeignet und diese zu Hause eingeschraubt, dann wurde er bei deren Einschalten durch einen grellen 220V-Blitz und dem Durchbrennen der Lampe bestraft.

Der Drehrohrofen und das Elektrizitätswerk waren somit aufeinander angewiesen. Den Drehrohrofen konnte man zwar mit Fremdstrom von der Gemeinde Wien drehen, aber seine restliche Abwärme musste abgeführt werden. Das Bild zeigt die Kraftzentrale, bestehend aus Dampfturbine und Generator.

Nachdem die Abwärme des Drehrohrofens im Kesselhaus abgegeben war, musste noch das Rauchgas abgeführt werden. Dazu diente ein hoher Schornstein, ein weithin sichtbares Kennzeichen des Zementwerkes. Der Schornstein war beinahe so hoch wie das Kaltenleutgebner Tal.

Der Wasserdampf mußte, nachdem er seine Energie an die Turbine abgegeben hatte, kondensiert und in einem Kühlturm abgekühlt und sodann wieder dem Kesselhaus zugeführt werden.

Das folgende Bild zeigt das Kesselhaus, die Turbinenhalle und den Kühlturm.

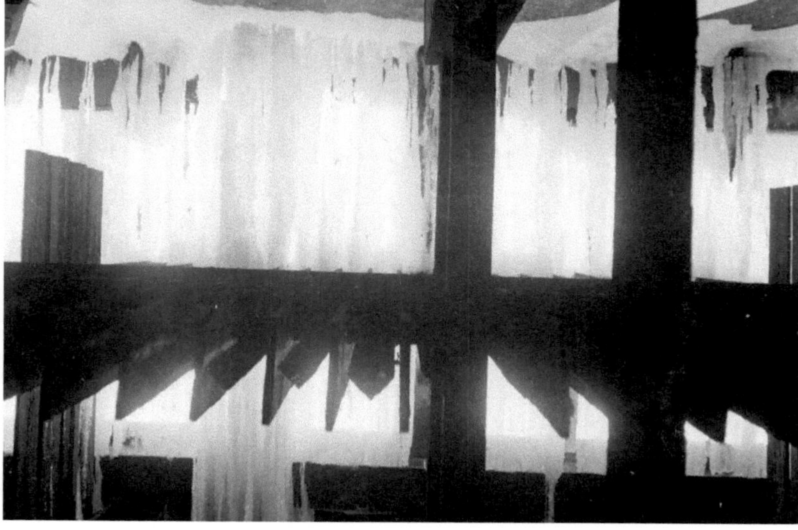

Im Winter bildete sich in den vom Wasser umtosten Teilen aus Holz ein prächtiger Eisvorhang. Das folgende Bild zeigt den unteren Teil des Kühlturms.

ImTurbinenhaus war auch die Elektro-Zentrale des Zementwerks. Das Bild hier z.B.zeigt die 16KV-Verteilung

Man beachte die offene und ungeschützte Ausführung der Elektro-Hochspannungsverteilung. Damals in den 1930er Jahren waren nicht so strenge Vorschriften für Isolierung und Sicherheitsabstände wie heute üblich.

Einmal jährlich musste die Turbine zerlegt, ggf. repariert und gewartet werden.

Die Kohlenmühle

Zur Zementerzeugung war das Brennen des Rohmehls bei etwa 1500..1700 Grad in einem Drehrohrofen erforderlich. Die dazu erforderliche Hitze wurde von Anfang an mit einem Kohlestaub-Brenner erzeugt.

Dazu war eine Aufbereitung der mit der Eisenbahn angelieferten Kohle erforderlich. Das Zementwerk hatte dazu neben einem entsprechenden Bahnhof mit Gleisnetz eine Lagermöglichkeit für die angelieferte Kohle, eine Trocknerei und eine Kugelmühle mit einem schnell rotierenden Rohr und einer Pressluft-Transport-Anlage. Im Bild erkennt man die Brücke, die das Kohlestaub-Pressluftrohr trägt.

Zusätzlich war natürlich noch eine Hochspannungs-Entstaubungsanlage vorgesehen, eigentlich um die Umgebung nicht zu belasten. Diese Anlage hatte eine Besonderheit: wegen der Explosionsgefahr (Kohlenstaub und Hochspannung vertragen sich nicht gut) befand sie sich am Dach der Anlage und war mit zwei beweglichen Metallklappen ausgerüstet. Kam es nun trotz aller Vorsichtsmaßnahmen zu einem Überschlag, explodierte diese Entstaubungskammer mit einem lauten Krach, die zwei Deckeln flogen weit auf und der abgelagerte Staub flog in die Luft.

Hausfrauen in den Werkswohnungen war dieser Ton bekannt. Sobald sie ihn hörten, liefen sie rasch ins Freie, z.B. in ihren Garten, und holten die dort aufgehängte Wäsche schnell ins Haus, bevor der Kohlenstaubdreck vom Himmel herunterkam.

Leider gab es beim Abriss der Kohlenmühle einen tödlichen Unfall. Ein mit der Leerung des Kohlesilos betrauter Arbeiter betrat vorschriftswidrig dieses Silo, die Kohle löste sich, riss den Arbeiter mit und begrub ihn vollständig, nur seine Füße sahen noch aus dem Trichter unter dem Silo heraus.

Das Bild zeigt einen Teil des „Luth und Rosen-Getriebes" der Kohlenmühle

Das Labor des Zementwerkes

Unter der Leitung von Herrn Preussler stand das Labor des Zementwerks, das die Aufgabe der Qualitätskontrolle des hergestellten Zements hatte. Zahlreiche „Hi Tech"-Geräte gab es dazu im Untergeschoß des Direktionsgebäudes, für chemische Untersuchungen wie auch zu Festigkeitsprüfungen. Anbei eine Auswahl von Fotos aus diesen Räumen: wie gesagt, alles nicht mehr existent.

Ein Prüfgerät für Wasserdurchlässigkeit aus 1930

Chemisches Labor

Festigkeitsprüfungen im Labor

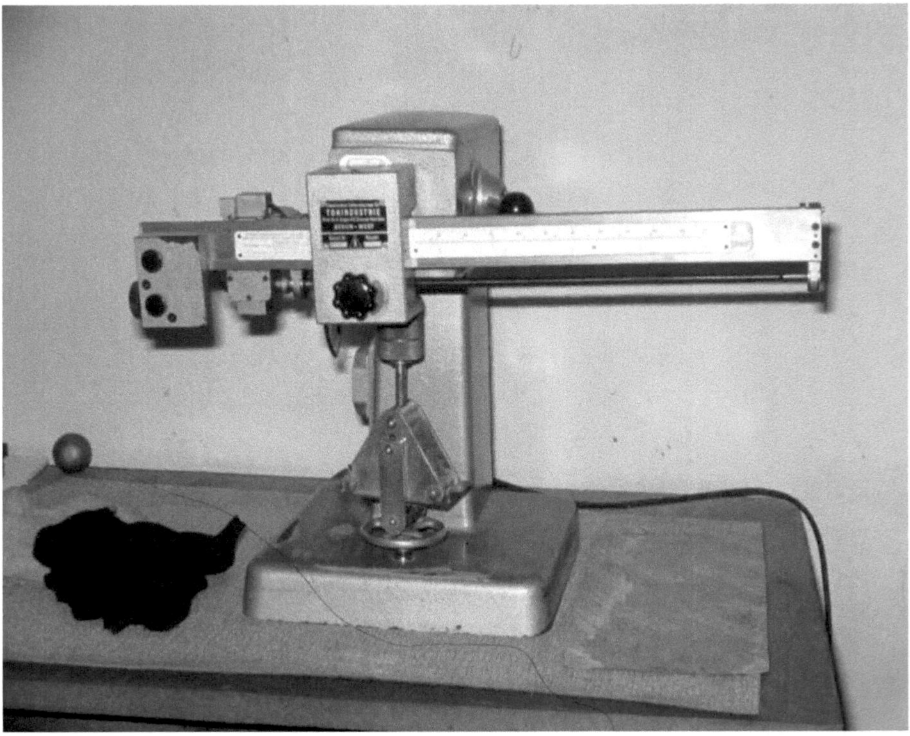

Der Bahnhof Waldmühle des Zementwerks

Die von der Südbahn in Liesing abgehende Stichbahn, eröffnet 1884, nach Kaltenleutgeben hatte in den 50ern noch Personenverkehr, der aber dann eingestellt und die Fahrgäste auf die Autobusse der ÖBB und der Post verwiesen wurden.

Diese Fotos zeigen den Personenzugbetrieb auf der Strecke Liesing-Kaltenleutgeben mit Dampflokomotiven Anfang der 50er Jahre. Hier oben verlässt der Personenzug, von Kaltenleutgeben gekommen, die Station Waldmühle in Richtung Liesing.

Das Signal zeigt freie Einfahrt in den Bahnhof Waldmühle. Das Signal steht zwischen den Haltestellen Neumühle und Waldmühle. Rechts ist der Wanderweg nach Kaltenleutgeben zu sehen, die offizielle Bezeichnung war „Waldmühlgasse".

Der Bahnhof Waldmühle im Gemeindegebiet Perchtoldsdorf lag gegenüber dem Werkstor der Perlmooser in Rodaun. Zu sehen ist die Kaltenleutgebner Straße und die bereits regulierte „Dürre Liesing".

Für die Anlagen „Zementverladung" und „Kohlenmühle" war ein umfangreicher Rangierbahnhof angelegt worden, der fallweise auch zur Anlieferung neuer Maschinen wie z.B. Teile des neuen Drehrohrofens diente.

Der Verschub der Güterwagen im Bahnhof Zementwerk fand statt – wenn gerade keine Lokomotive da war – mit einer Seilzuganlage, deren Führungsräder und Seile in den beiden Bildern zu sehen sind; sonst besorgte das die werkseigene Diesellok. Der zu verschiebende Waggon wurde mit einer Seilzange angekuppelt.

Neben dem Bahnhof wurde zuerst ein Öltank, sodann ein weiterer Öltank gebaut, beide mit der Möglichkeit, von der Bahn beladen bzw. gefüllt zu werden. Die Ölleitung zum Drehrohrofen führte dann wieder über eine gesonderte Brücke über die Straße. An dieser Stelle waren in den 40ern noch die Werkswohnungen Waldmühlgasse 9 .

Ferner der zugehörige Garten, die Bahnhof-Lampenkammer die Hofpartie und deren Garagen. Im dritten Bild dieses Kapitels ist dies alles noch zu sehen..

In der Abfüllanlage wurden 12 Zementsilowagen befüllt. In der Zugskomposition befindet sich noch ein normaler Personenwagen für den Transport des mit dem Zug fahrenden Personals.

Die vorgespannte Lok ist die Rangierlok des Zementbahnhofes, die eigentliche Streckenlok steht auf dem rechten Durchgangsgleis. Sie bekommt den zusammengestellten Zug rückwärts angesetzt, das heißt, die Silowagen sind an der Streckenlok und der Personenwagen hinten.

Zu dem neuen Verladegebäude führt eine Brücke mit den Rohren für die Zufuhr des Zements aus den Zementsilos des Werks. Das bedeutet, dass dies noch ein Transport der Perlmooser Zementwerke war und Holcim noch nicht in die Anlage eingezogen war.

Im Jahre 1983 wurde das 100jährige Bestehen der Kaltenleutgebnerbahn gefeiert. Der Bahnhof in der Station Waldmühle war noch vorhanden und wurde prächtig dekoriert

 Eine Dampflok der Type 91107 wie sie auch seinerzeit noch im Personenverkehr Liesing-Kaltenleutgeben eingesetzt war, fuhr von Meidling nach Waldmühle, wo sie von der Werksfeuerwehr der Perlmooser Zementwerke mit Wasser versorgt wurde.

Eine Dampflok 91 107, wie sie auf
der Kaltemleutgebnerbahn
seinerzeit verkehrte

Waldmühle in 1983

Sehenswertes an der Bahn Waldmühle-Rodaun

Gleich gegenüber der Zementverladung, in der Waldmühlgasse, findet man noch heute eine Kapelle in hochmodernem Stil, errichtet vom Zementwerk Rodaun. Da musste ein früheres Denkmal dem Zementwerk weichen, da bekam die Gemeinde Perchtholdsdorf eine wunderschöne neue Kapelle. Eine Tafel widmet die Kapelle der Gemeinde und auch heute noch betreut jemand den Altar innen sehr schön mit Blumen.

Die Kapelle 1936

ERBAUT UND DER
MARKTGEMEINDE
PERCHTOLDSDORF
INS EIGENTUM ÜBER=
TRAGEN VON DER
RODAUNER ZEMENT
FABRIKS A.-G. 1936
DIPL. ARCHITEKT Z.V.
ROB. KRAMREITER.

Bildstock in der Waldmühlgasse, in Richtung Waldmühle gesehen

In Richtung Rodaun bei der ehemaligen Station Neumühle, wo sich ein Schotterwerk mit Steinbruch befindet, ist diese Kapelle zu sehen.

Wohnen beim Zementwerk

Zum Zementwerk gehörten auch einige Werkswohnungen, die um das Werk herum gebaut worden waren. Beispielhaft die folgenden Fotos.

1.

Gleich gegenüber dem Haupteingang des Werkes, über der „Dürren Liesing" neben dem Bahnhof Waldmühle, war ein langestrecktes Wohnhaus mit drei Wohnungen,. Deren Adresse war Perchtholdsdorf, Waldmühlgasse 9.

 Diese Gasse verlief am Waldrand hinter diesen Gebäuden. Im Sommer war dort der belliebte Wanderweg Rodaun-Kaltenleutgeben.

Daneben ein Gebäude mit Garagen und Wohnungen, dort war in der Steinzeit des Zementwerkes auch ein Pferdestall!

In dem Gebäude waren links Werkswohnungen, in dem großen Querbau oben ein Heustadel und darunter Garagen. Die bewohnten Werkswohnungen erkennt man an den beleuchteten Fenstern.

 Ein Kamin war von einer früheren industriellen Nutzung übrig geblieben und zugedeckelt, das heißt, außer Funktion.

Dies alles musste beim Bau der Öltanks weg. Siehe das folgende Bild.

Nur den Lichtmast hat man noch stehen gelassen!

2.

Für die hier abgerissenen Werkswohnungen mussten, da sie ja noch bewohnt waren, Ersatz geschaffen werden.

Im Bild ist rechts neben dem Neubau die „Wolfsmühle" zu sehen. So wie die „Waldmühle" gab es auch hier keine „Mühle" mehr. In der Wolfsmühle waren noch weitere Werkswohnungen.

An der Adresse Kaltenleutgebnerstraße 3a in Kaltenleutgeben, entstand in den 60er Jahren ein Haus mit vier Wohnungen, das später dann „Ingenieurhaus" genannt wurde.

Vor dem Haus steht noch der Baukran.

In das erste Ingenieurhaus zogen ein:

- Im EG Herr Ing.Lahodynsky mit Familie
- Im 1.OG Herr Kropp mit Familie
- Im 2.OG Herr Ing.Puff mit Familie
- Im 3.OG Herr Ing. Bittner mit Familie.

Im Hintergrund sind die Umrisse des Zementwerkes zu sehen: der große Kamin, das neue Rohmehlsilo und die damals noch bestehende Seilbahn.

An Stelle der Wolfsmühle standen dann später neue Gebäude, ähnlich dem ersten Ingenieurhaus.

3.

Eine größere „Werkswohnungssiedlung" war schon vor einiger Zeit östlich des Zementwerkes, auch an der Kaltenleutgebner Straße, aber etwas erhöht und abgesetzt, entstanden. Siehe Bild

Diese Werkswohnungen waren für Mitarbeiter des Zementwerkes bestimmt.

In den 50er Jahren mussten sie an neue, vollbiologische Kläranlagen angeschlossen werden. Als Herr Kropp nach einiger Zeit diese kontrollierte und den Deckel des Klärbeckens abhob, fand er zu seinem Entsetzen die Wasseroberfläche mit tausenden von Fliegen übersät.

Die zuständige Chemikerin war jedoch überglücklich: „Sehen Sie, Herr Kropp, das muss sein! Die Fliegen zeigen an, dass die vollbiologische Kläranlage tadellos funktioniert!"

Als das Zementwerk geschlossen wurde, hat man diese Wohnungen den Bewohnern zum Kauf angeboten. Sie passten demnach recht gut in die neue Landschaft Rodaun-Waldmühle.

Mitarbeiter des Zementwerks

In diesem Buch sollen nicht nur Gebäude und Anlagen, die heute verschwunden sind, beschrieben werden. Es soll auch ein wenig an die Mitarbeiter des Werks erinnert werden; sie sollen an ihrem Arbeitsplatz gezeigt werden. Viele von ihnen sind wahrscheinlich nicht mehr unter uns. Sie bekommen hier quasi ein „Denkmal".

Der Portier

Der Lagerist

Das Sekretariat, mit Kohleofen als Büro-Heizung…..

Beim Lesen der „Perlmooser Werkszeitschrift““

Der Konstrukteur

Der Chauffeur

Unterwegs mit dem Elektrokarren

Am Zeichenbrett

Sie passen auf die Turbine auf

Der Oberwerkmeister

Bei dem Betriebsfest mit Ansprache des Direktors

Geschichten aus dem Zementwerk

erzählt von E.Kropp

Da musste ich so um 1950 mit meinen Kollegen Kwech und Hietler eine Dienstreise zu einem Zementwerk in der Steiermark machen.

Ganz Österreich war in vier alliierte Zonen eingeteilt, jeweils an der „Demarkationslinie" kontrollierten die Siegermächte (Amerikaner, Engländer, Franzosen, jedoch vor allem die Russen).

Zum Grenzübertritt dieser Art brauchte man eine „Identitätskarte", auch „I-Ausweis" genannt mit einer bestimmten Anzahl an Stempeln. Wenn davon einer oder mehrere fehlten, wurde derjenige von den Russen nicht durchgelassen, eine gewisse Zeit eingesperrt oder zum Arbeiten für die Russen gezwungen.

Semmering, Demarkationslinie, Ausweiskontrolle. Der Ruß nimmt die I-Karte von Herrn Ingenieur Hiettler und stutzt:

„Du Gitler?"

Er schaut ihn an, schaut in die I-Karte und grinst:

„Du nix Gitler!" (Russen sprechen unser „H" entweder wie „G" oder „CH" aus).

Ich mache meinen Kontrollgang zum Drehrohrofen und dort hat ein stämmiger Arbeiter die Aufsicht, wir gehen zusammen zur Besichtigung der Anlage.

Von einer entfernteren Tribüne ruft einer, gut versteckt: „WA HU!"

Der Arbeiter sagt: "Her Kropp, hören Sie das? Wissen Sie, was das heißt? WA HU ist „Wamperter Hund"!

Da hatte sich der Generaldirektor der Perlmooser Zementwerke AG zu Besuch angesagt und in der Ofenhalle wollte man gut dastehen und so begann einer, die Fenster der Halle zu putzen. Damit wurde er natürlich nicht fertig und während er noch putzte, stand schon der Generaldirektor hinter ihm. Er deutete ihm, aufzuhören, nahm sein Spazierstöckchen und schlug damit mehrere Scheiben ein: „So geht es viel schneller!"

Als Elektrotechniker hatte ich auch die Aufsicht über die elektromechanische Siemens-Telefonanlage des Zementwerkes, die aber recht wartungsintensiv war und oft Probleme machte. Doch eines Tages, als wieder der Revisor von Siemens da war, lief sie lange Zeit ohne jedwede Störung.

Ich frage den Revisor, womit er denn die Anlage so gut zum Laufen gebracht habe.

Die Antwort: „Herr Kropp, wenn Sie mich nicht verraten: Mit Petroleum!"

Imposant war er schon, der Kühlturm des Zementwerkes. Im Winter allerdings gelangte seine Feuchtigkeit auch auf die Straße und vereist sie, was den Autofahrern zu schaffen machte. Darum wollte das Zementwerk ein großes Verkehrszeichen „Rutschgefahr" aufstellen, doch der Vertreter der Kraftfahrer war dagegen, bei einer so großen Tafel würden die Autofahrer erschrecken, darum kam nur eine kleine Tafel zur Aufstellung.

Heute war ich schon reichlich geschafft! Da kam unangemeldet zu Mittag ein Lieferantenauto mit 500 kg Ekrasit für den Steinbruch und die haben diesen Sprengstoff doch ganz einfach beim Werktor neben der Portierloge abgeladen!

In der Kriegszeit waren auch zahlreiche russische Kriegsgefangene im Werk tätig. Ich habe Russisch gelernt, um mich mit ihnen verständigen zu können.

Einer dieser Russen : „Pane Kropp, Pane Kropp, kommen rasch, Motttor macht quieck, quieck, quieck!"

Am Sonntag, wenn ich Dienst hatte, nahm ich meine Junioren gerne mit ins Werk, in die Kraftzentrale oder in den Steinbruch Fischerwiese.

Die Feldbahn dort übte ja einen unwiderstehlichen Reiz auf die Jungen aus, sie bewegten eine der herumstehenden Loren und prompt entgleiste sie, weil eine Weiche falsch gestellt und die Lore diese „aufgeschnitten" hatte. Das gab dann eine gewaltige Strafpredigt!

Ich schätzte sehr die Kantine des Zementwerks, dort war die „Emma" tätig und hatte gute Sachen für die Pause anzubieten. Nach dieser Pause muss ich dringend nach

Hause und erzähle meiner Frau: „Jetzt hab ich bei der Emma drei Rollmopserln gfressen und nicht bezahlt!" Das Gelächter war groß, aber der Mama war das nicht recht, diese Story durfte nicht weitererzählt werden

----

In der Nachkriegszeit fand eine Betriebsversammlung statt und ich erinnere mich noch, wie einer der Arbeiter aufstand und sein Problem mit folgender Einleitung schilderte:

„Ich aß soeben mein mit dem Zeigerfinger belegtes Brötchen…"

Unser Chauffeur Herr Bodingbauer hatte in Wien bei Herrn Bledabauer etwas abzuholen.

Da dachte er sich, ich kann doch nicht „Bleda Bauer" sagen, da ist der womöglich beleidigt, und adressierte ihn mit „Guten Morgen, Herr Blätterbauer!"

Doch der Bledabauer war da ganz anderer Meinung: Er packte den Bodingbauer und schrie: „Sie, ich heiße Bledabauer, tun Sie mir meinen Namen ja nicht verhunzen!"

Ich erinnere mich noch gut an den Hern Veijskal: wenn der Verstopfung hatte, tauchte er zwei Finger einer Hand in die Elektrodengefäße der Quecksilberschalter und leckte sie ab!

Da stehen einem heute die Haare zu Berge, zum einen, wegen der gefährlichen, offenen mit Quecksilber gefüllten Schalter und zum anderen wegen der ungewohnten Eigenbehandlung einer Krankheit mit Quecksilber!

Gasthaus Waldmühle, Waldmühlgasse, in 1903

Anfang der 50er Jahre gab es noch die Waldwirtschaft Waldmühle, neben dem Bahnhof in der „Waldmühlgasse" und gegenüber dem Haupteingang des Zementwerks, mit großem Garten, Kastanien, herrlich.

Besonders an Wochenenden wanderten damals viele Wiener von Rodaun nach Kaltenleutgeben und fielen dann in der „Waldmühle" ein. Gelegentlich gab es auch Werksfeste dort, ich habe da einmal in der Musikkapelle Geige mitgespielt.

Im Werk konnten die Mitarbeiter beim Portier Kracherl und Bier stark verbilligt kaufen. Da kamen einige Zeitgenossen auf die Idee, mit diesem im Werk gekauften Bier hinüber in die Gasstätte Waldmühle zu gehen und das Bier dort zu trinken. Das hat den Wirt schrecklich aufgeregt, er beschwerte sich bei der Werksdirektion und bei der Gewerbeaufsicht. Das hat aber alles nichts geholfen.

Man stellte jedoch fest, dass die zur Wirtschaft über die Liesing führende Brücke nicht mehr verkehrstüchtig war und sperrte sie ab und dachte, damit das Problem zu lösen. Damit kam niemand mehr vom Werk direkt in das Gasthaus, das bald darauf zusperrte.

Der Portier Trommeier (auch „Lumumba" genannt) hatte stets einige Kästen Bier und Kracherl in der Portiersloge zum Verkauf stehen – oder er gab dem Getränkekäufer den Schlüssel zum großen Keller, gegenüber im Berg des Klinkerlagers eingelassen.

Einmal war er schrecklich grantig: „Sehen Sie sich das an, da soll ich ein Plakat der Gewerkschaft aufhängen:

„Zerbrich die Flasche!"

(Kampagne gegen Alkoholmissbrauch). Dabei weiß ich ohnehin nicht, wo ich genügend leere Flaschen für die Liesinger Brauerei herbekomme!"

(damals gab es noch kein Pfandsystem!)

Das Zementwerk Rodaun machte einen wunderbaren Werksausflug auf den Hochwechsel wie folgt:

In der Früh stand ein langer Zug in der Station Waldmühle, in dem alle mitfahrenden Werksagehörigen Platz hatten. Mit Volldampf ging es dann über Liesing, Wiener Neustadt auf die Bergstrecke der Wechselbahn bis zur Haltestelle Mönichkirchen. Dort konnte man aussteigen und den Hochwechsel erklimmen.

Der Zug blieb in Mönichkirchen stehen (dort war übrigens der Tunnel, den Hitlers Regierungszug in den 30ern belegt hatte) und die Lok fuhr zurück. Jedoch war das Wetter nicht besonders schön, sodass viele nur bis zur nächsten Gaststätte kamen.

Abends fuhr der Zug dann bis zur Waldmühle wieder zurück.

Mein Sohn steigt am Schillerplatz in den Postautobus und kauft beim Fahrer: "Einmal Rodaun Zementwerk!"

Ein vorne sitzender Fahrgast sagt: „Das ist das Werk, das den Westwall gebaut hat!"

Das Werk hatte einen Dienst-PKW, einen „Steyrer", der Chauffeur war der
Bodingbauer.

Damals gab es noch keine Blinker zur Richtungsanzeige, aber der Steyrer hatte
„Winker" rechts und links. Dazu gehörte ein Uhrwerk, das den Winker nach einer
voreingestellten Zeit wieder einholte.

Dieser „Steyrer" ist bei einem Zusammenstoß mit einem Russenauto zugrunde und in
Flammen aufgegangen, er hatte vorne auf der Beifahrerseite sowohl Batterie wie auch
Benzintank!

Die mitfahrende Krankenschwester erlitt schwerste Brandwunden, der Bodingbauer
hatte versucht, die brennende Kleidung mit einer Decke zu löschen.

 Das gab dann lange Diskussionen, wie man die Schwester hätte richtig retten sollen.
Ich war der Ansicht, der Bodingbauer hätte ihr die Kleider vom Leib reißen sollen, wäre
sie halt nackert auf der Straße gestanden…Aber damals traute man sich sowas nicht.

Da sie die Russen nicht verurteilen konnten, von denen war nichts zu holen, wurde der
Bodingbauer als Fahrer des Unglücksautos verpflichtet, der Krankenschwester
Unterhalt zu zahlen.

Da er dies finanziell nicht konnte, hat er sie dann einfach geheiratet!

Die neue Siedlung Waldmühle-Rodaun

Nachdem in den vorhergehenden Abschnitten die Perlmooser Zementfabrik Rodaun samt Umgebung ausführlich beschrieben wurde, soll nun die Siedlung Waldmühle-Rodaun , bestehend aus an die 500 Wohnungen in einigen Bildern gezeigt werden, die den Platz der seinerzeitigen Werksanlagen eingenommen hat.

Wie man sieht, gibt es zu den Wohnungen auch Garagen, Fahrradladestationen, einen SPAR-Supermarkt, nach wie vor eine Bushaltestelle und, gottseidank, immer noch einen Eisenbahn-Bahnhof" Waldmühle.

Was ich bei meinem Besuch erfreut feststellen und auch kurz testen konnte, ist ein „Restaurant-Cafe Waldmühle", das sich in etwa an der Stelle des seinerzeitigen Kühlturmes befindet.

SPAR
P
Mo-Fr 7.15 - 19.30
Sa 7.15 - 18.00
3sixty5
3sixty5
3sixty5
Wildmühle Rorbach
H

SPAR
30

Waldmühle
Restaurant
Café
WALDMÜHLE Café

Waldmühle

Bücher von Helmut Kropp

Im Buchhandel erhältlich:

Immer am Gleis- Bahnfahren in Europa und Amerika

Format 14,8 x 21 cm   148 S. ws 90g Paperback

36 Farbseiten Ladenpreis 13,99 EUR ISBN 978-3-7347-43665

Beiträge zur Telekommunikation

Format 14,8 x 21 cm 132 S, ws 90g Paperback

Ladenpreis 19,90 EUR ISBN   978-3-7347-78884-1

Kreuzfahrer Mit AIDA, COSTA und MSC auf See

Format 14,8 x 21 cm 108 S. ws 90g Paperback

59 Farbseiten   Ladenpreis 12,99 EUR ISBN 978-3-7386-4190

Orgelreisen

Format 14,8 x 21 cm 152 S. 90g Paperback

107 Farbseiten Ladenpreis EUR 19,00 ISBN 978-3-3920-1139

Abenteuer Bauernhof – Leben in der Minkenmühle

Format 14,8 x 21 cm 80 S. 90g Paperback

29 Farbseiten Ladenpreis EUR 8,99 ISBN 9783839141379

Erlebnisreisen nach Ost und West

Format 14,8 x 21 cm 134 S. 90g Paperback

107 Farbseiten Ladenpreis EUR 19,99   ISBN 9783743125124

Das Perlmooser Zementwerk Rodaun

Format 15,5 x 22 cm,   84 S. 90g Paperback

12 Farbseiten   Ladenpreis EUR 15,99   ISBN 9783748193487

Erhältlich beim Autor: Postfach 401063 80710 München:

Im Olympischen Dorf München und seiner Umgebung

Format 14,8 x 21 cm 64 S. ws90g Paperback 2.Auufl.

EUR 5,00

Im Kollegium Kalksburg 1948-55 1.Teil

Format 14,8 x 21 cm 136 S. ws 90g Paperback

EUR 10,00

Im Kollegium Kalksburg 1948-55 2.Teil

Format 14,8 x 21 cm 68 S. ws 90g Paperback

EUR 5,00

Gesammelte Werke 1950-1955

Format 14,8 x 21 cm 24 S. ws 90g Paperback

EUR 5,00

60 Jahre Beruf (1955-2015)

Format 14,8 x 21 cm 168 S. ws 90g Paperback

11 Farbseiten EUR 15,00

Der Funkamateur OE3UK 1955-1980

Format 14,8 x 21 cm 168 S. ws 90g Paperback

47 Farbseiten   EUR 18,00

Als man noch Briefe schrieb

Nostalgie der schriftlichen Individualkommunikation

Format 14,8 x 21 cm 80 Seiten ws 90g Paperback

EUR 5,00

Bei den Schulbrüdern in Wien XVIII . Währing

1946 -1948 2.Aufl.

Format 14,8 x 21 cm 26 S. ws 90g Paperback

EUR 3,00

Liturgie gestern – Erinnerungen

Format 14,8 x 21 cm 29 S. ws 90g Paperback

3 Farbseiten EUR 5,00

Der Autor:

Helmut Kropp Jg.1937 ist Dipl.Ing.der Nachrichtentechnik. Nach Volksschule in Tullnerbach, Klösterle und Wien besuchte er das Realgymnasium des Kollegium Kalksburg.

Nach dem Studium an der Technischen Hochschule in Wien war er bei den Firmen Philips, Schlumberger Meßgerätebau, Telenorma und EMA Aach beschäftigt.

Mit der eigenen Firma BATELCO GmbH war Helmut Kropp als Geschäftsführer und Gesellschafter von 1980 bis 2012 tätig.

Seitdem befasst er sich mit dem Verfassen von Reiseberichten, nostalgischen Einblicken und auch noch mit Fachthemen der Telecommunication